# DE LA MALADIE

## DE SA GENÈSE, DE SON ÉVOLUTION

### DISCOURS

Lu à la séance publique annuelle de la Société de médecine
*le 10 février 1879.*

PAR

## LE DOCTEUR RAMBAUD

PRÉSIDENT

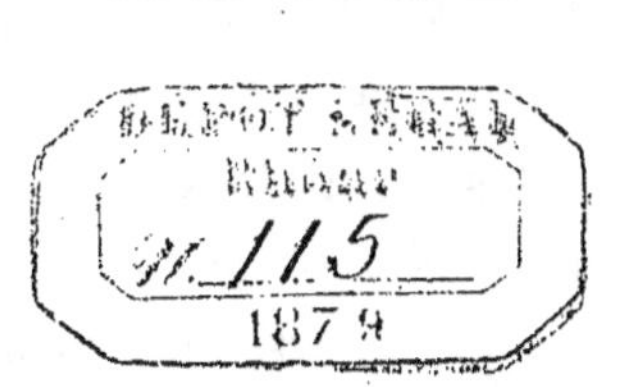

LYON

**ASSOCIATION TYPOGRAPHIQUE**

C. Riotor, rue de la Barre, 12.

1879

# DE LA MALADIE

## DE SA GENÈSE, DE SON ÉVOLUTION

Messieurs,

Je ne veux pas vous entretenir de vos travaux et de vos discussions durant l'année écoulée ; les rappeler, les énumérer brièvement ne serait pas digne de leur valeur et de leur importance. Les exposer longuement, ce serait faire double emploi à vos archives et à vos procès-verbaux. Mais je ne puis clore cette année et inaugurer la nouvelle sans rappeler nos pertes et nos deuils, et sans donner un dernier témoignage d'estime et de regret aux collègues que nous avons perdus.

Gromier et Fonteret nous ont été enlevés dans la pleine maturité du talent, et alors que nous avions encore tout à attendre de leurs lumières, de leur science et de leur zèle. Tous les deux avec des qualités différentes ont été l'honneur et l'ornement de nos discussions et de nos travaux ; tous les deux ont laissé dans nos cœurs un souvenir puissant ; et bien qu'un dernier adieu leur ait été adressé sur leur tombe, j'ai tenu à le leur renouveler aujourd'hui au milieu de vous et en votre nom : et sans saluer les nouveaux collègues que nos libres suffrages nous ont donnés : M. le professeur Paulet, que tant et de si beaux travaux ont déjà illustré ; M. le docteur Poullet, dont les nombreuses et ingénieuses recherches en gynécologie marquaient la place au milieu de nous. A tous les deux, et pour leurs mérites, et pour le lustre qu'ils promettent à nos discussions, qu'ils soient les bienvenus.

Ces hommages rendus à nos chers morts et à nos précieux nouveaux nés, de quoi vous entretenir dans une réunion de la Société de médecine, même solennelle, où sont conviés des auditeurs peut-être étrangers à notre science, sinon cependant de médecine ? Nous ne pouvons, nous ne saurions, sans manquer à notre devoir et à notre œuvre, oublier nos pensées de chaque jour, nos préoccupations incessantes et la mission qui nous est dévolue.

Donc, j'en demande pardon à ceux qui sont étrangers à la médecine, c'est d'un sujet essentiellement médical que je vais vous entretenir aujourd'hui ; je veux vous parler de la maladie en général, de sa genèse, de son évolution et de sa fin.

Et d'abord qu'est-ce que la maladie ? C'est évidemment tout ce qui fait souffrir, tout ce qui trouble et pervertit les fonctions nécessaires à la vie normale ; tout ce qui peut, dans un temps plus ou moins prochain, conduire à la mort avant le terme naturel de l'existence humaine. C'est le désir de secourir l'homme souffrant, c'est le besoin impérieux de soustraire à la mort son semblable qui a fait le premier médecin et créé notre science ; et la première pensée qui ait dû assaillir son esprit a été évidemment que pour agir utilement il fallait connaître les causes qui créaient le mal, les signes par lesquels le mal devenait perceptible pour lui, et les motifs plus ou moins apparents qui justifiaient ou expliquaient la fin heureuse ou malheureuse de la maladie.

De là et dès lors le problème médical a été posé et proposé aux méditations et aux recherches de l'avenir dans ces trois termes : 1° découvrir les causes du mal ; 2° constater ses signes et leur succession ; 3° déterminer les motifs de sa fin, heureuse ou malheureuse. C'est-à-dire la notion médicale de la maladie a été renfermée dans ces trois termes : étiologie, évolution et terminaison.

Chaque âge, chaque période historique a apporté sa pierre à l'édifice, pierre plus ou moins utile et solide, suivant la valeur des hommes, suivant l'efficacité et l'opportunité des méthodes employées à cette laborieuse et lente recherche.

Aujourd'hui, comme autrefois, comme toujours, c'est en nous plaçant à ce triple point de vue que nous pouvons constater ce que nous savons de la maladie et que nous pouvons mesurer l'action que nous avons sur elle.

Il y a évidemment un intérêt capital à connaître la cause de la maladie : d'abord pour s'y soustraire absolument, si c'est possible, ensuite pour rechercher la façon dont elle agit sur l'organisme et faire obstacle dès le début aux dégradations qu'elle peut y produire. Cette recherche s'est donc imposée dans tous les temps et à tous les esprits, et elle a toujours été poursuivie avec persévérance, mais avec des succès divers, suivant la rigueur des méthodes employées. Dans un temps qui n'est pas encore bien éloigné, on se contentait de peu, et toutes circonstances constatées au début d'un acte morbide étaient souvent incriminées sans qu'on pût cependant toujours saisir nettement un rapport évident entre le fait accusé et l'effet produit.

L'observation moderne, plus défiante, plus sévère et mieux armée pour l'investigation, s'appliquant à son tour à cette recherche, a réussi souvent à saisir matériellement l'agent nocif, à déterminer sa voie d'entrée, ses pérégrinations et ses arrêts d'élection dans la chair vivante et les perturbations nutritives qu'il créait dans les tissus. Elle a réussi souvent aussi, sinon à le saisir matériellement, au moins à constater péremptoirement son existence en découvrant sa source et en constatant ses effets, toujours identiques, sur l'organisme.

Et c'est ainsi que nous savons pertinemment aujourd'hui comment et pourquoi naissent et se développent toutes les maladies qui ont pour raison d'être extérieure la contagion d'homme à homme, des animaux à l'homme, l'infection tellurique ou d'encombrement, ou l'empoisonnement industriel ; et que nous pouvons affirmer, que scientifiquement nous sommes capables de les empêcher de surgir et de frapper l'homme, pourvu qu'on nous donne légalement et hygiéniquement les moyens d'éteindre ou d'écarter la cause nocive, bien connue et parfaitement accessible à nos moyens d'action.

A côté de ces causes, en quelque sorte tangibles et pondérables, dont les effets sont toujours immédiats, prochains et appréciables suffisamment dans leur processus et leurs conséquences, il en est d'autres, plus difficilement saisissables en elles-mêmes et dans la manière dont elles impressionnent l'organisme : telles celles qui sont du ressort des climats, des saisons, du séjour dans les villes ou dans les champs, du régime alimentaire, des conditions hygiéniques en général ; avec elles, l'influence causale extérieure perd de sa netteté et le problème étiologique se complique et s'étend.

Les deux facteurs de la maladie, le monde extérieur avec ses agressions, l'organisme avec ses énergies et ses défaillances, entrent en conflit plus intime et plus difficile à débrouiller et à juger. Tout à l'heure, l'organisme, presque passif devant l'impression fatale et toute puissante, ne témoignait de son activité que par l'inégalité de sa résistance à l'imprégnation nocive, ou par la facilité avec laquelle il en triomphait, sans qu'on pût souvent prévoir ou savoir pourquoi et comment il en était ainsi, et on se contentait de constater le fait sans pouvoir l'expliquer, en disant que tous les organismes n'ont pas une égale réceptivité pour le poison, et que tous sont doués de résistances inégales contre l'impression morbigère.

Avec le second ordre de causes, le rôle de l'organisme grandit et devient prépondérant ; l'influence extérieure se réduit à une incitation dont la quantité et les qualités peuvent être mesurées et dont l'action se traduit par des perturbations physiologiques qui peuvent être appréciées ; mais c'est l'organisme, en somme, qui, sous le coup de l'incitation venue du dehors, réalise d'emblée la maladie suivant ses aptitudes, son tempérament, ses qualités, ses défauts et ses habitudes.

Sous le coup d'une incitation identique, le froid, par exemple, qui supprime ou modifie seulement les fonctions de la peau, et, consécutivement, pervertit physiologiquement l'acte nerveux, les circulations locales et crée la fluxion ; celui-là fera du catarrhe diversement localisé, du rhumatisme, de l'inflammation, de la néphrite, de la tuberculose ou de la scrofule suivant ses aptitudes innées ou acquises, et, accessoirement, suivant la saison et les lieux ; l'aggression extérieure n'est que l'occasion, l'acte vrai appartient exclusivement à l'économie vivante ; c'est elle qui est la vraie source étiologique ; c'est elle qu'il faut étudier et interroger si on veut pressentir et prévenir la maladie et connaître à fond toutes les plus essentielles conditions de sa genèse.

C'est là une étude difficile assurément et peut-être trop souvent délaissée, mais féconde en enseignements et qu'on peut définir en deux mots : étude de la prédisposition et de son rôle dans la genèse de la maladie.

Cette prédisposition, peut être actuelle, évidente et toute personnelle, ou avoir ses racines par de là la naissance, dans un passé lointain, dans la race, la famille ou les générateurs immédiats, elle peut rester longtemps latente, inaperçue, et cependant comment méconnaître l'importance étiologique qui s'attache aux idées contenues dans ces mots : Hérédité, atavisme.

L'étiologie utile et vraiment savante ne saurait donc dans sa recherche séparer ces deux facteurs ; le monde extérieur et l'organisme vivant, avec ses qualités et ses défauts, puisque c'est de leur conflit et de la prépondérance de l'un ou de l'autre que naît et surgit la menace pour la santé ou la vie.

La maladie s'affirme par des souffrances, des déviations fonctionnelles, des signes divers qui constituent ses éléments primordiaux, qu'il faut, avant tout, discerner et constater, par une recherche attentive qui sache tout voir et bien voir, si on veut fonder sa notion sur une base solide et utile.

Cette recherche, dont on n'a jamais méconnu l'importance, a toujours été poursuivie avec ardeur ; mais, trop souvent, dans le passé, on a pensé qu'on était arrivé au but et qu'on pouvait conclure en toute sécurité. La science moderne, plus soucieuse d'elle-même, mieux outillée pour ce travail, s'est remise à l'œuvre, et prenant le symptôme considéré jusqu'alors comme le dernier terme où pût arriver l'analyse, elle l'a poursuivie de ses labeurs, et elle a pu, dans bien des cas heureux, pénétrer plus avant dans la connaissance du fait pathologique, et déterminer les causes et les conditions prochaines de sa genèse.

Grâce aux efforts de cette analyse infatigable et triomphante, nous connaissons donc aujourd'hui infiniment plus de signes de la maladie; nous les connaissons mieux, nous savons mieux les découvrir, nous apprécions mieux leur valeur et leur raison d'être. Dans les maladies aiguës comme dans les maladies chroniques et diathésiques, l'exploration directe de l'organe malade, l'étude des sécrétions et des excrétions au moyen de la chimie et du microscope , de la perversion fonctionnelle à la lumière de l'enseignement physiologique nous fournit en abondance de précieuses notions à peine soupçonnées autrefois, et c'est à l'emploi judicieux et persévérant de la recherche analytique, qui nous réserve bien d'autres et plus brillantes surprises que nous devons cette heureuse fortune.

L'analyse qui cherche sans parti pris, l'analyse qui fouille l'organe, la fonction et le symptôme, sans préoccupation thérapeutique préalable, dans le seul but de constater les signes de la maladie et de déterminer, si possible, les conditions de sa genèse, reste aujourd'hui et plus que jamais le premier acte imposé à quiconque veut connaître la maladie; puisque c'est elle seule qui peut nous donner une base solide et un légitime point de départ pour tendre plus haut et plus loin. Mais les notions élémentaires qu'elle nous fournit si libéralement se prêtent malaisément à une conclusion rigoureuse si elles ne sont pas fécondées par une étude ultérieure qui leur donne une valeur et une signification plus précises.

En effet, tous ces phénomènes épars, isolés, disséminés dans un organisme *un*, dont le consensus fonctionnel est la condition d'existence, ont besoin d'être rapprochés, reliés par leurs rapports et leurs influences réciproques, de façon à constituer une unité, une personnalité concrète dans la grande unité organique et vivante ; c'est là une œuvre de synthèse et d'analyse tout à la fois, qui peut seule conduire à la notion de la marche, de l'évolution et de la fin qui est comme le couronnement de la tâche imposée au médecin qui s'arme pour l'action thérapeutique.

Qu'il s'agisse effectivement de la maladie aiguë ou de la maladie chronique, l'action morbide, une fois engagée, marche, se développe dans son unité et tend à une fin quelconque, suivant des lois et des procédés entrevus de toute antiquité. Peut-être trop hâtivement formulées autrefois, mais peut-être aussi trop méconnues aujourd'hui sous l'empire de la préoccupation que toute prépondérance doit être dévolue à la méthode analytique, ces lois, ces procédés, cependant veulent être connus, constatés, appréciés, si on veut bien connaître et bien juger dans son évolution cet être de raison, cet être synthétique en action qui s'appelle la maladie.

Et de tout ceci il résulte clairement que la notion utile et médicale de la maladie ne saurait être conquise qu'à la condition d'une analyse qui sache être minutieuse et complète, qui sache tout voir et tout connaître, le passé et le présent, qui sache déterminer le rapport qui relie le symptôme extérieur et directement perceptible avec la modification fonctionnelle et la lésion du tissu chargé de la fonction ; qu'à la condition que cette analyse soit pratiquée par un esprit souple, pénétrant, curieux, dépourvu de parti pris et d'idées préconçues, et armé de sens acérés et longuement exercés à ces investigations ; qu'à la condition d'une synthèse, qui pourvue de ces connaissances préalables sache les réunir, les condenser, les relier en un faisceau et en faire une unité, qui, nous le savons pertinemment, évolue suivant des lois propres, invariables au fond, variables cependant en quantité et en qualité, suivant des circonstances accessoires, subordonnées aux temps, aux lieux et aux individus, et que, seule, elle peut déterminer et contrôler.

Ces conditions remplies, on peut dire en principe que la notion de la maladie est acquise dans la mesure de ce que permet la science actuelle.

Mais comment réaliser ces conditions diverses ? Comment concilier et coordonner cette multitude d'éléments variés ?

Il faut d'abord et avant tout les bien connaître et n'en sacrifier aucun, puisque chacun porte en lui un enseignement spécial, et que la connaissance recherchée ne peut émerger que d'une addition bien faite.

En second lieu il faut être capable de faire une bonne addition, ce qui n'est pas toujours facile quand il s'agit de réunir des quantités sensiblement disparates et d'en faire jaillir une conclusion légitime et efficace qui porte en elle un motif d'action.

En d'autres termes, les conditions du problème bien connues et nettement établies, il faut encore que l'esprit chargé de les résoudre porte en lui les qualités nécessaires pour réaliser cette œuvre. Or, il n'est pas toujours facile d'assouplir son intelligence à ces actes, sinon antagonistes au moins sensiblement différents : chacun de nous porte en lui des aptitudes et des goûts qui le poussent d'un côté ou de l'autre. Les temps, les écoles, les individus ont leurs tendances et leurs préférences ; les uns inclinent à la recherche libre de toutes entraves traditionnelles, les autres à la conclusion dogmatique qui ne se discute plus ; les uns font table rase du passé et prétendent édifier à nouveau, les autres n'y veulent presque rien changer ; les uns font de l'analyse à outrance, les autres se retranchent dans une synthèse intransigeante. Ce sont là des excès du tempérament intellectuel qui ne peuvent qu'être éminemment préjudiciables à la vérité, poursuivis au travers des obscurités organiques, car ces méthodes ne s'excluent ni ne se condamnent, mais se complètent et se justifient l'une par l'autre, en cela qu'il est difficile d'utiliser l'analyse si elle ne conduit pas à une conclusion et à une action quelconque, et qu'il peut être malséant et dangereux d'agir si la synthèse nosologique, en vertu et au nom de laquelle on agit n'est pas justifiée et motivée par une analyse suffisante et légitime.

De cette insuffisance dans la méthode qui dirige l'investigation, il peut résulter et il résulte souvent de graves inconvénients dans la pratique.

Que peut-on attendre, en effet, de ceux qui se confient exclusivement à l'une ou à l'autre des deux méthodes, de ceux qui se condamnent à l'impuissance, faute de savoir ou de vouloir conclure par synthèse ; de ceux qui s'exposent gratuitement à l'erreur et au danger, faute de s'être armés de tous les moyens que l'analyse scientifique met entre leurs mains.

De ceux qui ne veulent pas s'élever à une vue d'ensemble et d'unité, qui accordent au fait isolé ou au fait du jour une importance abusive, et qui concluent et synthétisent au jour le jour, sans se préoccuper de la veille ou du lendemain.

De ceux qui, épris d'une rigueur apparente et mal fondée, répudient les faits qui ne tombent pas directement sous le contrôle des moyens d'investigation qui ont leurs préférences, et se refusent à conclure, parce qu'ils ne se trouvent pas suffisamment informés, oubliant que si notre science est éminemment perfectible, elle a le devoir d'utiliser les notions acquises et consacrées par l'assentiment du passé, jusqu'à preuve de leur inanité ou de leur fausseté.

De ceux qui par insuffisance intellectuelle, ou par défaut d'éducation médicale, restent incapables de poser et de résoudre le problème.

De ceux enfin qui par légèreté, défaut de réflexion, confiance immodérée, ne cherchent même pas à le poser et à le résoudre.

Pour tous ceux-là, la vérité, bien que tangible et accessible, reste méconnue ou incomplètement appréciée, parce que leur intelligence se dérobe et se refuse à l'embrasser dans son ensemble et sa féconde et sereine complexité.

Telle est la maladie considérée dogmatiquement dans son ensemble et en elle-même ; quelques mots encore et je termine, pour l'envisager sommairement dans ses rapports avec ceux qui sont directement aux prises avec elle : le patient, son entourage et le médecin.

Le patient, le plus intéressé de tous à son heureuse issue, est souvent celui qui semble s'en désintéresser le plus complètement, soit qu'il s'applique à la créer ou à l'aggraver, en bravant gratuitement ses causes, par ignorance ou par sensualité, soit que par un lâche abandon de lui-même il se refuse aux efforts, à la fermeté, à la résignation intelligente qui seraient cependant d'un si efficace secours dans les épreuves qui lui sont imposées.

L'entourage : ignorant, infatué de préjugés, inattentif et indifférent; ou dévoué, soigneux, intelligent et ferme dans sa charité et son amour, constitue autour de la maladie une atmosphère sereine et secourable; ou dangereuse et perverse, selon ce qu'il sait, ce qu'il vaut ou ce qu'il peut.

Ce sont là des forces qui ont souvent sur la maladie, en bien comme en mal, des influences plus décisives qu'on ne serait porté à le croire de prime abord. Combien ont dû leur salut à leur énergie et à l'entente des soins qui leur étaient donnés ! Combien ont succombé à leur pusillanimité ou aux soins absurdes qu'ils recevaient.

Le médecin qui se heurte à ces éléments extrinsèques de la maladie, ne saurait donc se cantonner exclusivement dans son œuvre médicale et scientifique, fatalement il faut qu'il compte avec ces activités diverses, bienfaisantes ou ennemies, qui s'imposent à lui, qui facilitent, entravent ou compromettent son action. Il y aurait peut-être un chapitre intéressant à écrire sur ce sujet souvent ébauché; je ne veux que le signaler et faire remarquer que cela lui impose l'obligation incessante de veiller sur lui et sur son caractère, de se façonner à la patience et au dévoûment, d'accoutumer son esprit à une diplomatie toujours indispensable, de deviner et de juger ses coopérateurs, s'il veut utiliser les bonnes, corriger et discipliner les mauvaises volontés qui doivent concourir à son œuvre, et finalement s'il veut atteindre le but suprême, proposé de tout temps à notre science et à notre art, guérir, soulager ou consoler.

Ces idées et les devoirs qu'elles impliquent pour arriver à la notion médicale saine et vraie de la maladie, que je viens d'esquisser rapidement, ne m'appartiennent point en propre, Messieurs, c'est dans votre contact, dans vos travaux, dans vos discussions que je les ai recueillies. Dans ces discussions si nombreuses et si variées, qui appellent et glorifient le progrès de tous les jours, qui consacrent par un plus complet contrôle les vérités et les enseignements du passé, qui cherchent à les relier, à les concilier pour en faire une science agrandie et rajeunie, qui pourra bientôt tout espérer et tout oser ; dans ces discussions, dont se dégage avant tout un ardent amour du vrai, et la plus parfaite compétence pour établir, juger, subordonner tous les termes du problème qui s'impose à nos méditations.

En me plaçant ainsi sous votre égide, en parlant ainsi en quelque sorte en votre nom, je n'ai qu'un souci et qu'une crainte, c'est de l'avoir fait en termes insuffisants et incomplets, d'être resté au-dessous de la tâche entreprise, et jugé indigne de me faire, de ma propre autorité, l'interprète d'une Société aussi considérable que la vôtre.